家装参谋
精选图集

HOME OUTFIT REFERENCE

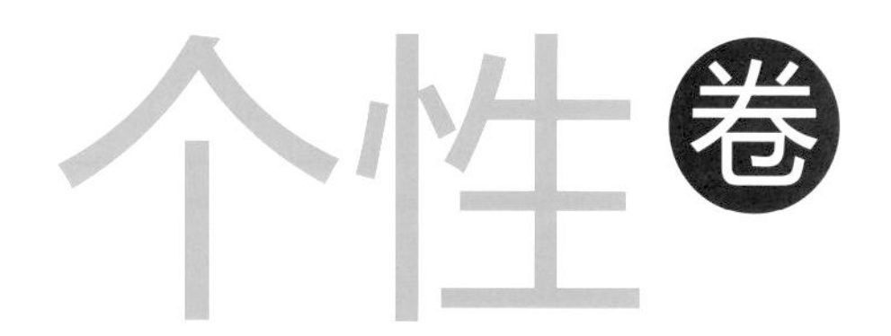

家装参谋精选图集编写组 编

机械工业出版社
CHINA MACHINE PRESS

"家装参谋精选图集"包括5个分册，以当下流行的家装风格为基础，结合不同材料和色彩的运用要素，甄选出大量新锐设计师的优秀作品，通过直观的方式以更实用的使用习惯重新分类，以期让读者更有效地掌握装修风格，理解色彩搭配，从而激发灵感，设计出完美的宜居空间。每个分册均包含家庭装修中最重要的电视背景墙、客厅、餐厅和卧室4个部分的设计图集。各部分占用的篇幅分别为：电视背景墙30%、客厅40%、餐厅15%、卧室15%。每个分册穿插材料选购、设计技巧、施工注意事项等实用贴士，言简意赅、通俗易懂，可以让读者对家庭装修中的各个环节有一个全面的认识。

图书在版编目（CIP）数据

家装参谋精选图集. 个性卷 / 家装参谋精选图集编写组编.
— 北京 ：机械工业出版社，2013.1（2014.7重印）
ISBN 978-7-111-40993-9

Ⅰ. ①家… Ⅱ. ①家… Ⅲ. ①住宅－室内装饰设计－图集 Ⅳ. ①TU241-64

中国版本图书馆CIP数据核字（2012）第315023号

机械工业出版社（北京市百万庄大街22号 邮政编码 100037）
策划编辑：宋晓磊　　责任编辑：宋晓磊
责任印制：杨　曦
北京画中画印刷有限公司印刷

2014年7月第1版第3次印刷
210mm×285mm · 6印张 · 150千字
标准书号：ISBN 978-7-111-40993-9
定价：29.80元

凡购本书，如有缺页、倒页、脱页，由本社发行部调换
电话服务　　网络服务
社服务中心：（010）88361066　　教材网：http://www.cmpedu.com
销售一部：（010）68326294　　机工官网：http://www.cmpbook.com
销售二部：（010）88379649　　机工官博：http://www.weibo.com/cmp1952
读者购书热线：（010）88379203　　**封面无防伪标均为盗版**

目录 Contents

电视背景墙

如何设计个性化的电视背景墙

通过设计师的勾勒，手绘图案赋予了电视墙与众不同的个性，而这种在墙面上的手绘图案，相对来讲，较容易更改和替换，能让居室保持一定的新鲜感。想要营造梦幻般迷离的艺术效果，晶莹剔透的烤漆玻璃和艺术玻璃等绝对是不二之选，它们没有金属材质的冰冷感，又无传统装饰的厚重，既美观大方，又防潮、防霉、耐热，还可擦洗，易于清洁和打理，成为年轻一族追求的潮流新宠。有着不同质感或图案色彩的华丽的瓷砖具有硬度高、耐用、光洁易打理、价格比石材便宜的特点，是普通家庭可以使用的电视墙装饰材料，它会为客厅空间带来各种各样的装饰效果。墙面瓷砖多是以釉面烧制而成，所以有着很强的可塑性，可以表现出多种材质的效果，并且十分逼真。

艺术墙贴

黑色烤漆玻璃

印花壁纸

石膏板吊顶

木造型刷白

条纹壁纸

装饰珠帘

艺术墙贴

印花壁纸

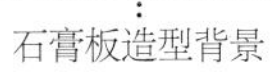

石膏板造型背景

印花壁纸

仿文化石壁纸
强化复合木地板

车边银镜
艺术墙贴

有色乳胶漆

肌理壁纸

如何设计实用型电视背景墙

将墙面做成装饰柜的式样是当下比较流行的装饰手法，它兼具一定收纳功能，可以敞开，也可封闭，但整个装饰柜的体积不宜太大，否则会显得厚重而拥挤。有的年轻人为了突显个性，会在装饰柜门上即兴涂鸦，这也是一种独特的装饰手法。如果客厅面积不大或者家里杂物很多，收纳功能就不可忽略。即使想要打造一面体现主人风格的电视墙，也要尽量带有一定的收纳功能，这样可以令客厅显得更加整齐。同时，在装修的时候不要单纯为了收纳而收纳，应该注意收纳部位的美观，令墙面同时具有装饰性也很关键。

白色乳胶漆

雕花烤漆玻璃

水曲柳饰面板

石膏板肌理造型

白色乳胶漆

砂岩浮雕

密度板雕空　印花壁纸

榉木饰面板

白色乳胶漆

木造型刷白

白枫木饰面板

黑色烤漆玻璃

肌理壁纸

浅咖啡色网纹大理石

木造型刷白

印花壁纸

仿古砖

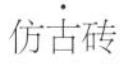

石膏板异型拓缝

条纹壁纸

石膏板拓缝

手绘墙饰

雕花烤漆玻璃

石膏板肌理造型

黑色烤漆玻璃

石膏板雕空

条纹壁纸

白枫木搁板

石膏板吊顶

白枫木装饰板

白枫木搁板

白色乳胶漆

桦木饰面板

印花壁纸

艺术墙贴

装饰银镜

木质搁板

彩绘玻璃

白枫木饰面板

艺术墙贴

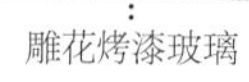

雕花烤漆玻璃

木质搁板

白枫木装饰线

木板饰面电视背景墙施工应注意哪些问题

木板饰面可做成各种造型，其独有的天然纹理，可给室内带来质朴的视觉效果。在施工时，一般要在9mm的底板上贴3mm的饰面板，再打上纹钉固定。需注意的是：装饰木板饰面电视背景墙就如同画中国画，一定要“留白”。用木板把墙体全部包起来的设计想法并不理智，除了会增加工程预算外，对整体效果的帮助也不大。

饰面板进场后就应该刷一遍清漆作为保护层。木板饰面中，如果采用的是夹板装饰，可能就需要处理一下，以防开裂。木板饰面防开裂的做法是：每块木饰面板的宽度应≤600mm，木饰面板之间应保留3~4mm勾缝，接缝处要做45°角处理，其接触处形成三角形槽面；在槽里填入原子灰腻子，并贴上补缝绷带；表面用调色腻子批平，然后再进行其他的漆层处理(刷手扫漆或者混油)。

木纹大理石

密度板造型隔断

爵士白大理石

印花壁纸

密度板造型刷白

条纹壁纸

有色乳胶漆

红砖饰面

强化复合木地板

艺术墙贴

白枫木饰面板

艺术墙贴

白色网纹大理石

米色大理石

黑色烤漆玻璃

密度板造型贴银镜

胡桃木格栅

印花壁纸

木质搁板

羊毛地毯

印花壁纸

白桦木饰面板

米色玻化砖

手绘墙饰

黑色烤漆玻璃

石膏板肌理造型

白色乳胶漆

茶色镜面玻璃

白色乳胶漆

印花壁纸

木质材料电视背景墙的环保标准是什么

用饰面板制作电视背景墙的家庭很多，因为可供选择的花色、品种很多，容易搭配。根据最新实施的《室内装饰装修材料人造板及其制品中甲醛释放限量》的要求，直接用于室内的建材的甲醛释放量一定要小于或等于每升1.5毫克。如果甲醛释放量大于或等于每升5毫克，则必须经过饰面处理后才能用于室内，甲醛释放量超出每升5毫克即为不合标准。

装饰珠帘

密度板造型刷白

文化石　实木线密排

艺术墙贴

石膏板雕空

白枫木饰面板

条纹壁纸

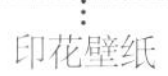

印花壁纸

石膏装饰线

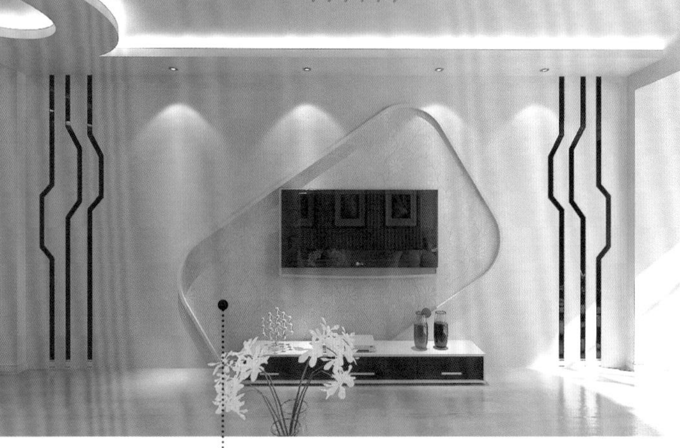

石膏板吊顶

印花壁纸

白色乳胶漆

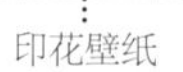

印花壁纸

灰色洞石

艺术墙贴

印花壁纸

白枫木装饰线

密度板雕花隔断

米黄色玻化砖

轻龙骨装饰横梁

印花壁纸

白色乳胶漆

密度板造型隔断

石膏板电视背景墙施工应注意哪些问题

纸面石膏板内墙装饰的方法有两种，一种是直接贴在墙上的做法，另一种是在墙体上涂刷防潮剂，然后铺设龙骨(木龙骨或轻钢龙骨)，将纸面石膏板镶钉或粘于龙骨上，最后进行板面修饰。电视背景墙在施工时应特别注意墙面上的不规则造型，要按照设计图纸进行绘制，弧度处理要自然。基层一般先用木质板做好造型，再在表面封上石膏板，石膏板之间应留出伸缩缝。在刷乳胶漆时要特别注意两种颜色的处理，应先刷好一种颜色，干后再刷另一种颜色，要特别注意对已完成部分的保护。在原墙面上处理好基层后刷乳胶漆，然后再做石膏板造型墙。在施工时，不规则的造型要按设计图样进行绘制，石膏板对接时要自然靠近，不能强压就位，板的对缝要按1/2错开，墙两面的对缝不能落在同一根龙骨上，采用双层板，第二层板的接缝不能与第一层板的接缝落在同一竖龙骨上。

密度板造型刷白

白枫木饰面板

石膏板肌理造型

黑胡桃木饰面板

红色烤漆玻璃

印花壁纸　　艺术墙贴

石膏板造型背景

雕花银镜

白色乳胶漆

印花壁纸

白枫木装饰立柱

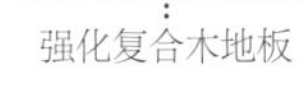

强化复合木地板

石膏板异型拓缝

雕花清玻璃

黑色烤漆玻璃

肌理壁纸

条纹壁纸

密度板造型隔断

印花壁纸

车边银镜

石膏板肌理造型

陶瓷锦砖

胡桃木饰面板
木质踢脚线

黑白根大理石

石膏板拓缝

肌理壁纸

白枫木装饰线

条纹壁纸

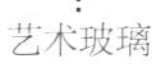

艺术玻璃

条纹壁纸

雕花银镜

白枫木创意搁板

桦木饰面板　强化复合木地板

密度板雕花贴清玻璃

白枫木顶角线

条纹壁纸

肌理壁纸

黑色烤漆玻璃

玻璃电视背景墙施工应注意哪些问题

如果电视背景墙采用玻璃制作，并且还要起到隔断的作用，最重要一点是要做到牢固、不松动。由于容易被碰撞，因此首先应考虑其安全性，最好是采用安全玻璃，目前市面上的安全玻璃为钢化玻璃和夹层玻璃。其次，用于电视墙的玻璃厚度应满足以下要求：钢化玻璃不小于5毫米，夹层玻璃不小于6．38毫米，对于无框玻璃，应使用厚度不小于10毫米的钢化玻璃。另外，玻璃底部与槽底空隙应用至少两块PVC支承块支承，支承块长度应不小于10毫米。

艺术墙贴

白枫木装饰线

红色乳胶漆

石膏板拓缝

桦木饰面板

装饰银镜

艺术墙贴

雕花银镜

石膏板造型背景

装饰硬包

印花壁纸

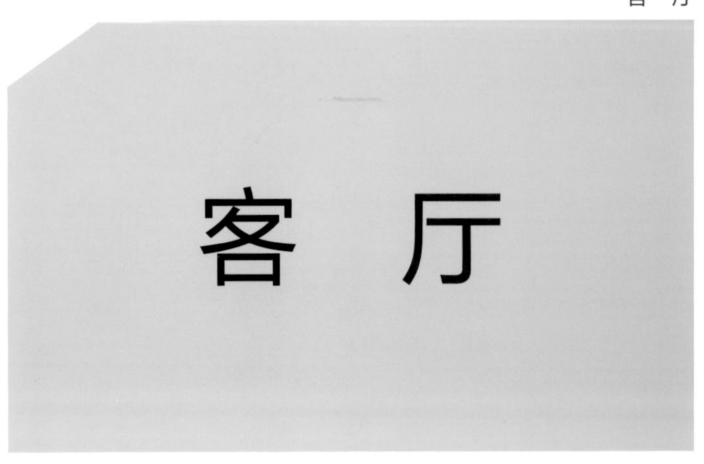

客 厅

客厅兼做餐厅的布置方法

在客厅中设置一个就餐区，也就是通常所说的客厅兼作餐厅的布局。一般将餐厅家具放置在离厨房最近的一端，方便饭菜的端放。为了达到餐厅与客厅在空间上有所间隔的目的，可以采用透空的隔架或半高的食品柜及沙发的组合摆设来实现隔断。这些布局必须为居住者的室内活动留出合理的空间，如果室内面积有限，餐桌可以同时兼作工作台或棋牌桌，这样一来，客厅与餐厅就有机融合在一起了。

不锈钢条

雕花银镜

黑色烤漆玻璃

白色玻化砖

木造型刷白

水曲柳饰面板

印花壁纸

石膏板肌理造型

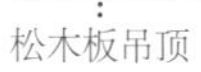

松木板吊顶

混纺地毯

皮纹砖

实木线条密排

艺术墙贴

白色玻化砖

印花壁纸

白色玻化砖

条纹壁纸

黑胡桃木饰面板

黑白根大理石

木纹大理石
米色玻化砖

艺术墙贴
米色网纹大理石

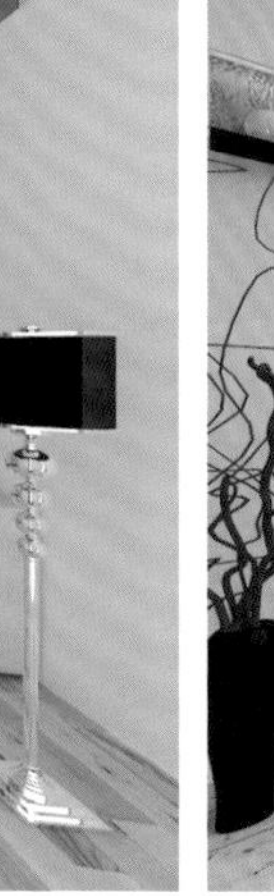

白枫木饰面板
强化复合木地板
密度板拓缝

艺术墙贴

白色乳胶漆

木造型刷白

白枫木饰面板

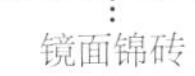

镜面锦砖

混纺地毯

爵士白大理石

装饰珠帘

黑白根大理石

樱桃木装饰线

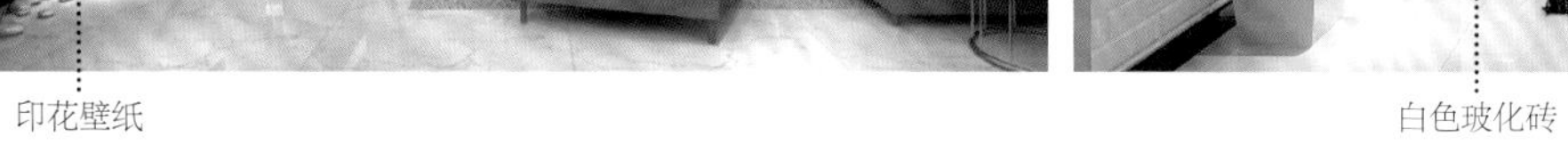

印花壁纸

白色玻化砖

陶瓷锦砖

如何选择客厅灯饰

客厅灯饰适宜选择大方、明亮的吊灯或吸顶灯作为主灯，同时搭配其他一些辅助的壁灯、筒灯、射灯等。选购主灯饰时，如果客厅的高度超过3.5米，可以选用档次高、规格尺寸稍大一些的吊灯或吸顶灯；如果客厅的层高在3米左右，应选用中档豪华型吊灯；如果层高在2.5米以下，则最好不要安装吊灯，而使用装饰性吸顶灯。

陶瓷锦砖拼花　　浮雕壁纸

水曲柳饰面板

黑色烤漆玻璃

木纹玻化砖

白枫木装饰线

榉木饰面板

仿古砖

艺术墙砖拼花

混纺地毯

米色网纹亚光地砖

强化复合木地板

白枫木搁板

艺术墙贴

装饰灰镜

水曲柳饰面板

印花壁纸

黑色烤漆玻璃

钢化玻璃

有色乳胶漆

石膏板造型吊顶

米黄色玻化砖

水曲柳饰面板

雕花烤漆玻璃

条纹壁纸

石膏板吊顶

桦木饰面板

皮革软包

仿古砖

雕花烤漆玻璃

茶色镜面玻璃

直纹斑马木饰面板

如何进行石材的选择与搭配

石材的选择与搭配应从以下几方面来考虑：

1.色调。色调是影响石材选用的一个重要因素。它主要由基色、花色、花纹三部分构成。一般来讲，基色是岩石的基质或细粒、均粒部分的颜色，不同色调的石材常常有着不同的装饰效果，适用场合也不一样。如以红色色调为主的花岗石显示富贵、豪华、高雅；而以黑色色调为主的花岗石则显示庄重、肃穆、幽雅；绿色色调的大理石则充满生机。所有这些不同色调的石材用于不同的装饰场合。

2.功能。天然饰面石材除需考虑色调外，还要考虑装饰物的功能。在家居中，客厅及卧室的装饰宜选用偏暖的色调，以增强温暖、舒适的氛围；而用于卫生间、厨房的装饰宜选用素雅、整洁的偏冷色调，以显示场所的清洁与卫生。

3.装饰意图与环境影响。使用天然饰面石材装饰的部位不同，因此选用的石材类型也不尽相同。用于室外装饰时，需要选择能够经受风吹雨淋和日晒的石材，花岗石因不含有碳酸盐，吸水率小，抗风化能力强而成为室外装饰石材的首选；用于厅堂地面装饰的饰面石材，要求其物理性能和化学性能稳定，机械强度高，也应首选花岗石类石材；用于墙裙及卧室地面的装饰性石材，对机械强度的要求略低，则宜选用具有美丽纹理图案的大理石。

装饰银镜

强化复合木地板

肌理壁纸

条纹壁纸

白色乳胶漆

车边银镜

白枫木搁板

密度板拓缝

白色玻化砖

黑色烤漆玻璃吊顶

黑胡桃木饰面板

木质搁板

混纺地毯

印花壁纸

不锈钢条艺术造型

白色人造大理石

肌理壁纸

白色玻化砖

混搭地毯

石膏板浮雕

密度板雕花贴黑玻

印花壁纸

石膏板拓缝

石材铺贴应注意哪些要点

在混凝土垫层和混凝土楼板基层上铺贴天然大理石或者花岗岩板材时，应先在顶棚或墙面上抹灰，而且应该先铺地面，然后再安装踢脚板。铺设前，先应对板材进行试拼，对好颜色，调整好花纹纹路，使板材与板材之间上下左右的纹理通顺，颜色协调，然后对其进行编号，并在草图上标注好铺设排列次序，以便对号入座。如需异形板材，则应事先将尺寸告知供应商进行定制，或在现场用石材切割机进行裁割。

米色玻化砖

米色亚光墙砖

胡桃木搁板

艺术墙贴

皮革软包

白色乳胶漆　　羊毛地毯

强化复合木地板

石膏板浮雕

水曲柳饰面板

不锈钢条　　陶瓷锦砖

石膏板肌理造型

条纹壁纸

装饰灰镜

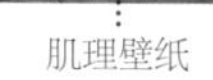

肌理壁纸

水曲柳饰面板

石膏板吊顶

条纹壁纸

雕花烤漆玻璃

浅咖啡色网纹大理石

米色洞石

红樱桃木装饰线

文化砖

装饰银镜

印花壁纸

布艺软包

实木地板

陶瓷锦砖

漂白文化砖

木纹大理石

雕花烤漆玻璃

红砖饰面

仿古砖

艺术墙贴

装饰银镜

白色玻化砖

肌理壁纸

木质搁板

白色玻化砖

木造型刷白

装饰银镜

石膏板吊顶

石材施工质量验收时应注意哪些方面

石材施工质量的验收非常重要，它关系着装修的质量及美观度。石材施工质量的验收可以从以下四个方面来鉴定。

1.有无空鼓。要仔细观察面层和下一层的结合处是否牢固，有无空鼓等现象发生。具体办法是使用小锤来进行敲击检查。假如单块砖的边角有小范围的空鼓，但这样的石材没有超过石材总数的5%是可以忽略不计的。

2.表面是否洁净。观察大理石或者花岗岩的面层是否干净、色泽一致及接缝平整，还要查看其图案是否清晰、石材的周边是否直顺、板材是否有裂痕、缺棱或者掉角等缺陷。

3.是否符合规范。业主需要检查石材的合格证明或者检测报告，检查大理石或者花岗岩等所用的板块种类和质量是否符合国家规定，是否符合设计的相关要求。

4.坡度是否符合要求。面层的表面坡度应该符合设计的相关要求，而且不应有泛水或者积水等现象出现。其与地漏或者管道的连接处应该牢固且没有缝隙。具体的检测方法是，可以用水或者坡度尺来直接试验检查。

烤漆玻璃吊顶　印花壁纸

白色亚光地砖

羊毛地毯

茶色镜面玻璃

石膏板吊顶
有色乳胶漆

茶色镜面玻璃
艺术墙贴

印花壁纸

石膏板吊顶

条纹壁纸

印花壁纸

石膏板吊顶

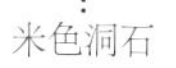

米色洞石

木纹大理石

米色网纹大理石

有色乳胶漆

艺术墙贴

羊毛地毯

强化复合木地板

胡桃木饰面板

灰色洞石

如何选购大理石材

可以从以下4个方面选购大理石材。

1.检查外观质量。不同等级的大理石板材的外观有所不同。有的板材的板体不丰满(如翘曲或凹陷)，板体有缺陷(如有裂纹、砂眼、色斑等)，板体规格不一(如缺棱角、板体不正)等。

2.挑选花纹色调。大理石板材色彩斑斓，色调多样，花纹无一相同，这正是大理石板材名贵的原因所在。

3.检测表面光泽度。大理石板材表面的光泽度会极大影响装饰效果。一般来说，优质大理石板材的抛光面应具有镜面一样的光泽，能清晰地映射出景物。但不同品质的大理石，由于化学成分不同，即使是同等级的产品，其光泽度的差异也会很大。

4.大理石板材的强度和吸水率也是评价大理石质量的重要指标。

白色玻化砖

强化复合木地板

石膏板雕刻

雕花茶色玻璃

石膏板吊顶

混纺地毯

有色乳胶漆

皮纹砖

米色网纹大理石

艺术墙贴

密度板雕花刷白

米色亚光地砖

水曲柳饰面板

羊毛地毯

水曲柳饰面板
中花白大理石
强化复合木地板

印花壁纸
羊毛地毯

米色玻化砖

艺术地毯

装饰银镜

木纹玻化砖

白色乳胶漆

米色玻化砖

强化复合木地板

白色人造大理石

仿古砖

砂岩浮雕

强化复合木地板

茶色镜面玻璃

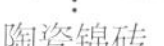

陶瓷锦砖

白色乳胶漆

肌理壁纸

雕花银镜

桦木饰面板

艺术墙贴

仿古砖

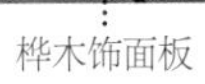

白枫木格栅

黑色烤漆玻璃

水曲柳饰面板

如何选购人造石材

选购人造石材可以从以下4个方面考虑。

1.观。在选购人造石材的时候，可以用眼睛来查看样品，如果石材的颜色清纯而不混浊，表面没有类似塑料胶质的感觉，板材的反面也没有细小的气孔，那么说明这样的人造石材的质量比较好。

2.摸。在选择人造石材的时候，可以用手来触摸样品的表面是否有丝绸感，是否有明显的凹凸感。如果感觉有生涩感，而且还能明显感觉到表面高低不平，就说明这样的人造板材的质量不佳。

3.闻。在挑选人造石材的时候，还可以闻闻人造石材是否有刺鼻的化学气味。如果可以闻到一些刺激性气味的话，就表明这款人造石材质量不好，不能购买。

4.试。在挑选人造石材的时候，可以用手指甲划一下石材的表面，看看有无明显的划痕。或者随机抽取两块相同的样品相互敲击，察看石材是否有裂痕或破碎。如果没有明显的划痕，或者不易破碎则说明这种人造石材是质量较好的。

白桦木饰面板

白色亚光墙砖

混纺地毯

强化复合木地板

印花壁纸
白色玻化砖

条纹壁纸
黑胡桃木搁板

印花壁纸

装饰灰镜

文化石　　雕花清玻璃

木质窗棂造型刷白

肌理壁纸

石膏板造型背景

印花壁纸

条纹壁纸

实木装饰线

水曲柳饰面板

白枫木饰面板

榉木饰面板

白色亚光玻化砖

灰色洞石

怎样清洁和保养石材

不论地板是大理石、板岩、花岗岩、石灰石还是水磨石，对其基本的日常清洁是很有必要的。石材地板能为家居锦上添花，正确的清洁护理可使之保持持久的光泽度。常用的清洁工具有除尘拖把和湿拖把。具体步骤如下：

1.定期为石材地板除尘，尽量一天清扫一次。

2.用湿拖把清洗地板，必要的话可使用石材肥皂，也可以只用清水清洗。

3.定期在表面涂上保护膜，比如用地板蜡均匀地涂抹，然后用干布擦净即可。

4.有些石材一旦时间长了，表面便会有泛黄现象，如有明显的黄斑，可用布或纸巾蘸上工业用过氧化氢（俗称“双氧水”）覆盖该处，黄斑即会慢慢褪去，然后再用干布擦净。

5.每隔两三年需抛光一次石材地板，可请专业施工员来抛光。当石材地板已经明显开始褪色，那就说明需要重新抛光了。

装饰灰镜

强化复合木地板

木纹釉面砖

石膏板造型背景

水曲柳饰面板

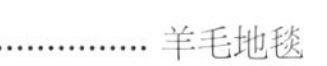
羊毛地毯

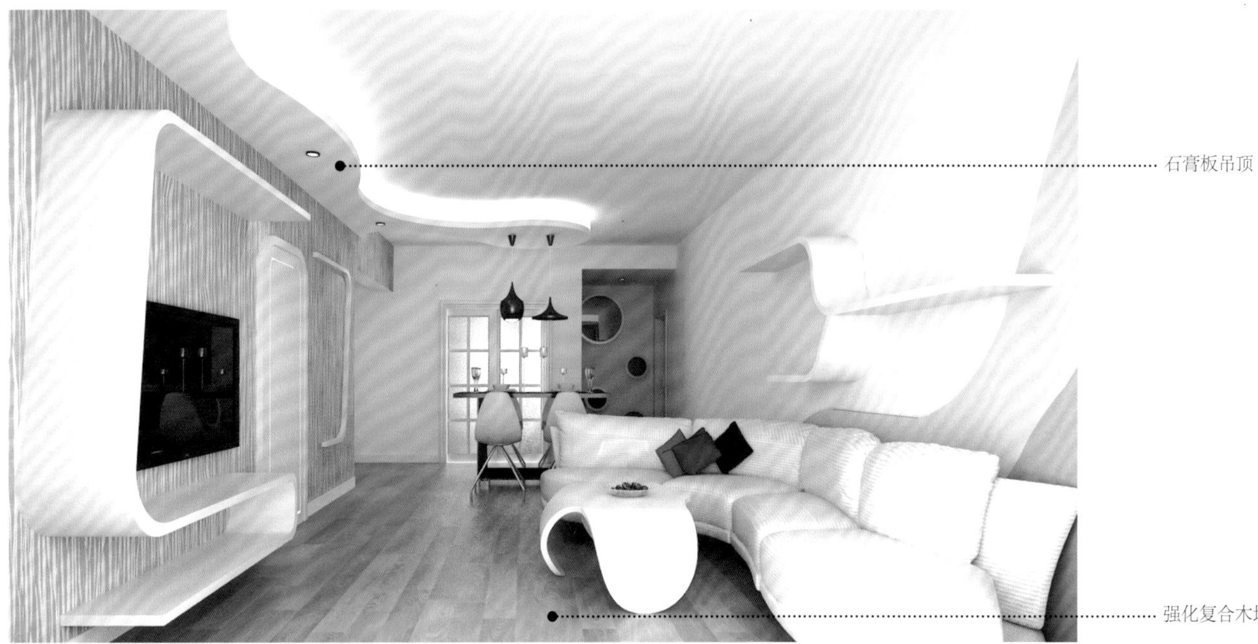
石膏板吊顶
强化复合木地板

条纹壁纸

羊毛地毯

如何实现餐厅的环保装修

餐厅的地面一般应选择大理石、花岗石、瓷砖等表面光洁、易清洁的材料。墙面的齐腰位置要考虑选用耐碰撞、耐磨损的材料，如选择一些木饰或墙砖作局部装饰和护墙处理。顶面宜以素雅、洁净的材料做装饰，如乳胶漆等。有时可适当降低顶面高度，给人以亲切感。餐厅中的软装饰，如桌布、餐巾及窗帘等，应尽量选用较薄的化纤类材料，因为厚实的棉纺类织物极易吸附食物的气味且不易散去，不利于餐厅环境卫生。

有色乳胶漆

装饰珠帘

木造型刷白

陶瓷锦砖

印花壁纸

木质搁板　　陶瓷锦砖

条纹壁纸　　印花壁纸

浮雕壁纸　　磨砂玻璃

装饰灰镜

红色烤漆玻璃

木造型刷白

强化复合木地板

印花壁纸

密度板造型隔断

石膏板吊顶

米色玻化砖

条纹壁纸

木纹地砖

艺术地毯

手绘墙饰

白枫木踢脚线

强化复合木地板

白桦木饰面板

装饰灰镜

装饰银镜

肌理壁纸

白色乳胶漆

密度板雕花隔断

石膏板吊顶

磨砂玻璃

木质搁板

强化复合木地板

黑胡桃木装饰线

面积偏小的餐厅墙面适宜选择什么样的壁纸图案

对于面积较小的餐厅，使用冷色调的壁纸会使空间看起来更大一些。此外，使用一些带有小碎花图案的亮色或者浅淡的暖色调的壁纸，也会达到拓宽视野的效果。中间色系的壁纸加上点缀性的暖色调小碎花，通过图案的色彩对比，也会巧妙地调节人们的观感，在不知不觉中扩大原本狭小的空间。

装饰银镜

实木地板

白色乳胶漆

密度板雕花隔断

仿文化砖壁纸

木质创意搁板

磨砂玻璃

装饰银镜

实木地板

石膏板吊顶

艺术墙贴

桦木饰面板

密度板雕花贴银镜

仿古砖拼花

艺术墙贴

密度板雕花贴灰镜

白色玻化砖

仿古砖

灰镜吊顶

艺术墙贴

羊毛地毯

雕花银镜

车边银镜

强化复合木地板

艺术墙贴

木纹玻化砖

磨砂玻璃

强化复合木地板

石膏板造型背景

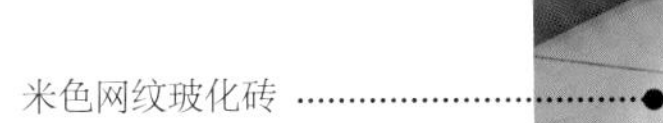

米色网纹玻化砖

木质窗棂造型

白色网纹大理石

餐厅墙面适宜选择什么类型的装饰画

在餐厅内配挂明快欢乐的装饰画，能够给就餐者带来愉悦的心情，增加进食欲望。水果、花卉和餐具等与饮食有关的装饰画是不错的选择。把由明亮色块组成的抽象画挂在餐厅内也是近来颇为流行的一种搭配手法。

车边银镜

人造大理石踢脚线

白枫木踢脚线

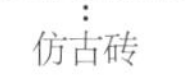

仿古砖

石膏板吊顶

艺术墙贴

米色亚光地砖

白色玻化砖

文化砖

有色乳胶漆

车边银镜

米色玻化砖

装饰银镜

有色乳胶漆

白枫木踢脚线

黑玻装饰线

白色玻化砖

榉木饰面板

雕花烤漆玻璃

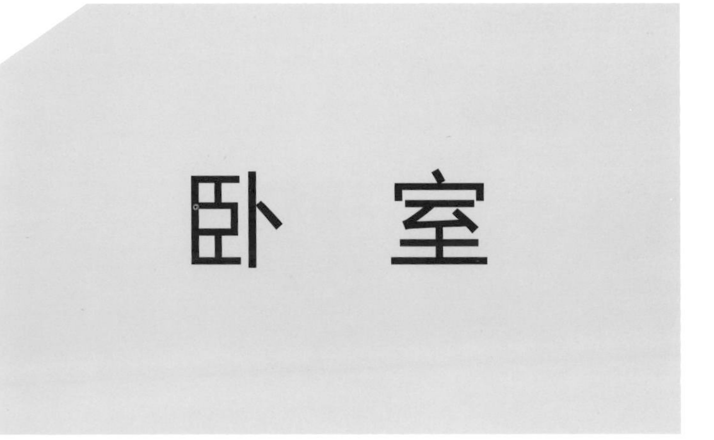

如何合理安排卧室灯具的位置

卧室不需要太强的照明，必备的有两种灯具：一是能够照亮全室的、带有柔和光线的灯具，如小型吸顶灯或壁灯；二是可以局部照明的床头灯，如装在床头上左右移动的床头灯。卧室灯具的颜色不要选择太强烈、刺激的色彩，而要柔和，还要与卧室环境的整体色调相协调。

肌理壁纸

混纺地毯

实木地板

装饰灰镜

装饰银镜

皮纹地砖

装饰灰镜

装饰硬包

有色乳胶漆

黑胡桃木饰面板

印花壁纸

水曲柳饰面板
雕花茶色玻璃
实木地板

黑胡桃木饰面板
羊毛地毯

水曲柳饰面板

雕花烤漆玻璃

白枫木线密排

羊毛地毯

皮革软包

白枫木百叶

艺术墙贴

有色乳胶漆

木质搁板

强化复合木地板

木质格栅

装饰硬包

强化复合木地板

混纺地毯

皮纹砖 白枫木百叶 强化复合木地板

雕花烤漆玻璃

茶色镜面玻璃

彩绘玻璃

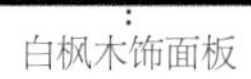

白枫木饰面板

聚酯玻璃

如何选购床头柜

床头柜应该整洁、实用，不仅可以摆放台灯、镜框或者小花瓶，还可以让你在床上方便地取放任何需要的物品。

床头柜的柜面要有足够的面积，以便放下常用物品，如台灯、闹钟、书、眼镜和水杯等。

选择带有抽屉或隔板的床头柜，有些物品在暂时不用的情况下就可以顺手放进抽屉，方便收纳，而且保持了柜面的整洁。

印花壁纸

艺术地毯

条纹壁纸

石膏板吊顶

磨砂玻璃

水曲柳饰面板

雕花清玻璃

皮革软包

强化复合木地板

肌理壁纸

有色乳胶漆

白枫木装饰线

肌理壁纸

有色乳胶漆

文化石

实木地板

石膏板吊顶

混纺地毯

羊毛地毯　彩绘玻璃　有色乳胶漆

陶瓷锦砖 有色乳胶漆 铝制百叶

雕花烤漆玻璃 黑胡桃创意搁板

白枫木饰面板 木纹壁纸

桦木饰面板

如何选购床上布艺

床上布艺一定要选用对人体健康有利的面料，市场上的布艺多以纯棉为主，其他如麻、毛料、蕾丝多是辅助搭配，触肤感越好、感觉越细柔的床品越有助于睡眠。专家指出，纯棉布料柔软且有很好的吸汗功能，最有利于身体健康。因为棉是纯天然质地，感觉清凉，触感纤柔，而且具有吸收湿气的功能，一年四季都很适用。不足之处是纯棉面料比较厚重，洗涤起来不是很方便，且容易缩水，基于这点考虑，也可以选择含有50%棉和50%聚酯纤维的混合面料。另外，面料织法的密度也会影响床品呈现出的质感，一般来说，织法越密，触感就越细、越柔软，而且不易起球和沾灰，结实耐用。

羊毛地毯

强化复合木地板

条纹壁纸

仿木纹壁纸

白色玻化砖

胡桃木踢脚线　手绘墙饰

雕花烤漆玻璃

实木地板

羊毛地毯

密度板雕花刷白